CANNABIS-ANBAU für Anfänger

Schritt für Schritt von der Aussaat bis zur Ernte

INHALT

7 GRUNDWISSEN

44 ANBAUPLAN

VORWORT

Die Entscheidung, Cannabis anzubauen, kann aus verschiedenen Motiven heraus getroffen werden. In der Regel geht es dabei darum, sich selbst mit qualitativ hochwertigem Cannabis zu versorgen, denn selbst angebautes Cannabis bietet oft eine größere Vielfalt an Sorten und die Gewissheit über Herkunft und Qualität. Je nach Komplexität des eigenen Anbaus kann die Anschaffung der verschiedenen Materialien zwar höhere Erstkosten verursachen, auf lange Sicht ist selbstangebautes Cannabis jedoch mit einer deutlichen Kostensenkung für regelmäßige Konsument:innen verbunden.

Für einige Menschen ist der Konsum von Cannabis eine therapeutische oder medizinische Notwendigkeit, denn es wird beispielsweise bei der Behandlung von chronischen Schmerzen, Autoimmunerkrankungen und Krebs unterstützend eingesetzt. Daher gibt es schon seit 2017 die Möglichkeit, unter bestimmten Voraussetzungen medizinisches Cannabis mithilfe eines ärztlichen Rezepts legal zu beziehen. Allerdings kann die Möglichkeit, unabhängig von der Verfügbarkeit in der Apotheke eine bestimmte Sorte mit den gewünschten medizinischen Eigenschaften anzubauen, für einige Patienten von unschätzbarem Wert sein.

Es ist wichtig zu betonen, dass der Cannabisanbau in vielen Regionen rechtlichen Beschränkungen unterliegt. Bevor Sie mit dem Anbau beginnen, sollten Sie sich über die geltenden Gesetze und Vorschriften in Ihrer Region informieren und diese einhalten.

RECHTLICHE LAGE

DEUTSCHLAND

Cannabis sowie Cannabisharz und Nutzhanf werden seit Inkrafttreten des Cannabisgesetzes (CanG) am 1. April 2024 nicht mehr unter dem Betäubungsmittelgesetz (BtMG) als Betäubungsmittel eingestuft. Seit dem 1. Juli 2024 sind die Regelungen zum Eigenanbau definiert. Der private Anbau zum Eigenkonsum durch Erwachsene sowie der gemeinschaftliche, nicht-gewerbliche Anbau in sogenannten Anbauvereinigungen ist demnach legal. Dabei ist folgendes zu beachten: beim privaten Anbau im eigenen Wohnsitz ist der Besitz von bis zu drei Cannabispflanzen pro volljährige Person im Haushalt gestattet. Einer erwachsenen Person ist der Besitz von Cannabis von bis zu 25 g in der Öffentlichkeit und bis zu 50 g Cannabis zu Hause erlaubt. Die Weitergabe von Cannabis ist nur innerhalb von Mitgliedern einer Anbauvereinigung zum Zweck des Eigenkonsums gestattet, Weitergabemengen unterliegen Beschränkungen pro Tag und Monat. Gewerblicher Anbau und Weitergabe außerhalb der Organisation ist nicht gestattet. Jede volljährige Person kann sich einer Anbauvereinigung anschließen.

Der Konsum in unmittelbarer Gegenwart von Minderjährigen sowie innerhalb oder in der Sichtweite von Einrichtungen für Kinder und Jugendliche und Fußgängerzonen (von 7 bis 20 Uhr) und auf dem Gelände von Anbauvereinigungen ist untersagt.

Cannabis kann zu medizinischen Zwecken ärztlich verschrieben und gegen Vorlage des Rezepts in Apotheken erworben werden. In Einzelfällen erstattet die Krankenkasse die Kosten für das Präparat, zumeist müssen Patient:innen jedoch selbst zahlen.

Details zum Cannabisgesetz können im Internet auf der Seite des Bundesministeriums für Gesundheit nachgelesen werden.

ÖSTERREICH

Der Konsum von Cannabis erfüllt zwar seit 2016 in Österreich keinen Straftatbestand mehr, jedoch sind Cannabisprodukte mit einem THC-Gehalt von mehr als 0,3 % sowie Anbau, Verkauf und Besitz weiterhin verboten.

SCHWEIZ

In der Schweiz sind Cannabisprodukte mit einem THC-Gehalt von weniger als 1 % erlaubt. Konsum und Besitz von weniger als 10 g Cannabis werden nicht bestraft, aber der Konsum wird als Ordnungswidrigkeit mit einem Bußgeld geahndet.

GRUND

WISSEN

BOTANIK

Der Aufbau der Cannabispflanze

Cannabis ist eine zumeist einjährige Pflanzengattung mit krautartigem Wuchs, die zu der Familie der Hanfgewächse (Cannabaceae) gehört und die drei Hauptarten Cannabis sativa, Cannabis indica und Cannabis ruderalis umfasst. Die Pflanze wird primär für ihre psychoaktiven und medizinischen Eigenschaften verwendet, die auf die in den Blüten enthaltenen Cannabinoide Tetrahydrocannabinol (THC) und Cannabidiol (CBD) zurückzuführen sind.

Die Pflanze wächst aus einem einzelnen holzigen Hauptstamm heraus, der sich mit zunehmender Höhe verzweigt. Der Stamm bietet den blatttragenden Zweigen Halt und versorgt die Pflanze mit Wasser und Nährstoffen. Aus den Zweigen sprießen die Blätter und Blüten der Pflanze. Cannabispflanzen sind für ihre charakteristischen Fächerblätter mit einer ungeraden Anzahl Fiederblättchen bekannt, deren Farbe und Form sich je nach Art unterscheidet (siehe S. 12-13). Anhand der Fächerblätter können Gärtner den Gesundheitsstaus ihrer Pflanze gut erkennen, denn sie bieten Aufschluss über mögliche Nährstoffmängel (siehe S. 38) oder Schädlingsbefall (siehe S. 40).

An den Blattknoten (Nodien) am Stamm und den Zweigen bilden die Pflanzen ihre Blüten aus: Als zweihäusige Pflanze wächst Cannabis sowohl als männliche als auch weibliche Pflanzen. Die weiblichen Pflanzen produzieren die harzhaltigen Blüten (Abb. 1), die männlichen Pflanzen produzieren Pollensäcke (Abb. 2), die aufplatzen und mit ihrem Blütenstaub über die Luft die weiblichen Pflanzen bestäuben, wodurch die Samenbildung ausgelöst wird. In der Regel werden die männlichen Pflanzen beim Anbau entfernt, denn unbestäubte weibliche Pflanzen bilden hochwertigere Blüten mit einem größeren Wirkstoffgehalt aus. Manchmal bildet eine Pflanze sowohl weibliche Blüten als auch männliche Pollensäcke aus (Abb. 3). Auch diese sogenannten Zwitter können die weiblichen Pflanzen in ihrer Umgebung und sich selbst bestäuben und sollten für bessere Erträge, genau wie die männlichen, aussortiert werden. Im Fachhandel ist häufig feminisiertes Saatgut verfügbar, das vorwiegend weibliche Pflanzen produziert.

Auf den weiblichen Blüten und den Zuckerblättern, den kleinen Blättern, die innerhalb der Blüte herauswachsen, befinden sich die Trichome (Abb. 4). Diese Harzdrüsen der Pflanze haben ein milchig weißes, haarähnliches Aussehen und überziehen die Blüten und Zuckerblätter. Sie produzieren das THC- bzw. CBD-haltige Harz, für das die Cannabispflanze primär angebaut wird.

Abb. 1: Weibliche Cannabisblüte. | Abb. 2: Männliche Cannabisblüte. Abb. 3: Zwitter-Blüten mit Pollensäcken. | Abb. 4: Nahaufnahme von Trichomen.

WACHSTUMS-PHASEN

Lebenszyklus der Cannabispflanze

Der Lebenszyklus von Cannabis umfasst mehrere Phasen, nämlich die Keimung und Sämlingsphase, das vegetative Wachstum und die Blütephase. Jede Phase erfordert spezifische Pflege und Bedingungen, um eine gesunde Entwicklung der Pflanze zu gewährleisten. Im Durchschnitt umfasst der Lebenszyklus der Pflanze je nach Sorte einen Zeitraum von drei bis sechs Monaten.

KEIMUNG & SÄMLINGSPHASE

In den ersten Tagen bildet der Cannabissamen eine kleine Pfahlwurzel aus, er keimt also. Die daraus entstehenden empfindlichen kleinen Pflänzchen werden als Sämling bezeichnet. Die Sämlinge treiben zuerst kleine, ovale Blätter aus, die wenig mit dem späteren, typischen Aussehen der Fingerblätter gemein haben (Abb. 1). Diese Blätter dienen vor allem dazu, dass die Pflanze das Licht für einen ersten Wachstumsschub erhalten können. Die Sämlingsphase dauert nach der Keimung ungefähr ein bis drei Wochen an.

Abb. 1: Sämling mit kleinen, ovalen Blättern.

Abb. 2: Cannabis in der Vegetationsphase.

VEGETATIVES WACHSTUM

Nach der Sämlingsphase gehen die Pflänzchen in die vegetative Wachstumsphase über. Sie gewinnen schnell an Größe, der Stamm wird dicker und holziger und sie treiben die charakteristischen Fingerblätter aus (Abb. 2). Der Energieverbrauch während dieser Phase ist hoch, entsprechend brauchen Ihre Pflanzen viel Licht, Wasser und Nährstoffe. Durchschnittliche 18 Lichtstunden sind im Indoor-Anbau mit künstlicher Beleuchtung empfehlenswert. Abhängig von der Sorte und den Wachstumsbedingungen kann die vegetative Wachstumsphase zwischen ein und fünf Monaten andauern.

BLÜTEPHASE

Vom vegetativen Wachstum geht die Pflanze in die Vorblüte über. Im Indoor-Anbau mit künstlicher Beleuchtung geht dies mit einem Wechsel zu zwölf Lichtstunden am Tag vonstatten, der den natürlichen Licht- und Dunkelrhythmus kopiert. In diesen ein bis zwei Wochen wird die Pflanze geschlechtsreif und entwickelt an den Nodien am Stamm kleine Vorblüten, die häufig nur mit der Lupe zu erkennen sind. Männliche Pflanzen bilden an diesen Punkten kleine Pollensäcke, während sich bei den weiblichen Pflanzen kleine weiße Härchen entwickeln, die ersten Blütenstempel (Abb. 3). In den darauf folgenden Wochen wachsen an den weiblichen Pflanzen an diesen Stellen große, harzhaltige Blüten (Abb. 4). Wenn männliche oder Zwitterpflanzen in der gleichen Umgebung wachsen, werden die Blüten bestäubt und bilden Samen aus. Durch die Samenbildung wird weniger Harz produziert. Wer einen möglichst hohen Harzgehalt der Blüten erreichen möchte, sortiert männliche und Zwitterpflanzen schon während der Vorblüte aus. Die Blütephase dauert bis zum Erntezeitpunkt durchschnittlich zwei bis drei Monate.

Abb. 3: Vorblüte der weiblichen Cannabispflanze.
Abb. 4: Cannabis in voller Blüte.

SATIVA VS. INDICA

Auswahl der richtigen Sorte

Die Auswahl an verschiedenen Cannabiszüchtungen ist facettenreich und erscheint geradezu endlos. Welche Sorte am besten für Ihre individuellen Bedürfnisse geeignet ist, hängt von verschiedenen Faktoren ab, z.B. den Wachstumseigenschaften der Pflanze und der gewünschten Wirkung.

Abb. 1: Blatt der Cannabis sativa.

WACHSTUMS-EIGENSCHAFTEN

Die drei Hauptarten Cannabis sativa, indica und ruderalis unterscheiden sich primär in ihrem Aussehen und ihren Wachstumseigenschaften: Die Cannabis sativa wächst mit einer schlanken Statur, die teilweise mehr als zwei Meter Höhe erreicht, und bildet dünne, hellgrüne Fächerblätter (Abb. 1) und luftige Blüten aus. Sie hat eine längere Blütephase als Cannabis indica und benötigt eine höhere Umgebungstemperatur und mehr Luftfeuchtigkeit, allerdings ist sie weniger anfällig für Schimmelpilze. Cannabis sativa ist eine photoperiodische Pflanze, das heißt, dass die Blütephase mit einer Änderung des Lichtzyklus ausgelöst wird.

Cannabis indica ist eine stämmige, buschige Pflanze mit breitem, dunkelgrünen Blattwuchs (Abb. 2), dichten Blüten und einer kürzeren Blütezeit. Durch ihre Dichte sind die Blüten anfälliger für Schimmel und Schädlinge, die Pflanzen sind allerdings Temperaturschwankungen gegenüber resistenter als Cannabis sativa. Cannabis indica ist, genau wie die Sativa, eine photoperiodische Pflanze.

Abb. 2: Blatt der Cannabis indica.

Cannabis ruderalis ist eine vergleichsweise kleine, luftig wachsende Pflanze mit kürzeren Blättern. Ihr Blühzyklus folgt einer sogenannten chronologischen Reife, die unabhängig vom Lichtzyklus beginnt („autoflowering"), daher ist sie etwas pflegeleichter. Im Gegensatz zu Sativa und Indica bildet die Ruderalis jedoch häufig einen geringeren THC-Gehalt in ihren Blüten aus.

WIRKUNGSPROFIL

Die Wirkweise von Cannabis wird häufig zwischen Sativa und Indica unterschieden. Cannabis sativa wird eine anregende Wirkung zugeschrieben, während Cannabis indica nachgesagt wird, dass es eine sehr entspannende Wirkung hat. Diese Wirkung hängt jedoch weniger mit der Pflanzenart zusammen, denn in der Regel sind die meisten Züchtungen, die erhältlich sind, hybride Pflanzen. Vor allem steht sie in Verbindung mit den Terpenen, den ätherischen Ölen der Blüten, die nicht nur für den Geruch und Geschmack während des Konsums verantwortlich sind, sondern auch durch Interaktion mit THC und CBD die Wirkung beeinflussen und verstärken.

MEDIZINISCHE EIGENSCHAFTEN

Ein weiteres Kriterium für die Auswahl der für Sie richtigen Sorte sollten sowohl der THC-Gehalt als auch der CBD-Gehalt sein. Cannabissorten mit einem hohen CBD- und einem niedrigen THC-Gehalt werden häufig zur Linderung von Schmerzen, Entzündungen, Angstzuständen und anderen Beschwerden ohne psychoaktive, berauschende Wirkung eingesetzt. Wenn Sie primär für einen berauschenden Konsum Cannabis anbauen möchten, empfiehlt sich ein höherer THC-Gehalt. Informieren Sie Sich bei der Auswahl der Sorte auch über die Terpene und deren therapeutische Eigenschaften.

BESCHAFFUNG DES SAATGUTS

Orientieren Sie Sich bei der Auswahl Ihres Saatguts sowohl an Ihren individuellen Anbaubedingungen vor Ort, als auch an der gewünschten Wirkung beim Konsum des Endprodukts. Samen können in lokalen Fachgeschäften und online erworben werden. Viele Samenbanken bieten eine Vielzahl von Sorten an, die nach Indica, Sativa, Hybrid oder medizinischen Eigenschaften kategorisiert sind. Gerade für Neulinge empfiehlt sich nach Möglichkeit eine Beratung vor Ort. Bei einem Onlinekauf sollten die jeweiligen Kategorisierungen des Shops sowie die Bewertungen und Empfehlungen anderer Käufer beachtet werden, um das beste Saatgut für Ihre Bedürfnisse zu finden.

INDOOR- VS. OUTDOOR-ANBAU

Die Vor- & Nachteile

Die Entscheidung zwischen Indoor- und Outdoor-Anbau hängt von den individuellen Vorlieben, den verfügbaren Ressourcen, den rechtlichen Beschränkungen und anderen Faktoren ab. Manche Anbauer bevorzugen eine Kombination aus beiden Methoden, um die Vorteile beider Ansätze zu nutzen.

Cannabis im Indoor-Bereich.

INDOOR-ANBAU

+ **Kontrollierte Umgebung:** Beim Indoor-Anbau kann die Umgebung einschließlich Licht, Temperatur, Luftfeuchtigkeit und Belüftung vollständig kontrolliert werden. Dies ermöglicht Ihnen, optimale Bedingungen für das Pflanzenwachstum zu schaffen und das Risiko von Schädlingsbefall und Krankheiten zu verringern.

+ **Ganzjähriger Anbau:** Indoor-Anbau bietet die Möglichkeit, das ganze Jahr über Cannabis anzubauen, unabhängig von den saisonalen Bedingungen im Freien. Dadurch können Sie Sich kontinuierlich mit Cannabis versorgen.

– **Höhere Kosten:** Indoor-Anbau erfordert, je nach Aufwand, eine Investition in spezielle Ausrüstung wie Beleuchtungs-, Belüftungs- und Bewässerungssysteme, was zu höheren Anfangskosten führen kann.

– **Energieverbrauch:** Der Betrieb von Beleuchtungs- und Belüftungssystemen im Innenbereich kann einen höheren Energieverbrauch verursachen, was sich auf Ihre Stromrechnung und die Umwelt auswirken kann.

OUTDOOR-ANBAU

+ **Natürliche Sonneneinstrahlung:** Beim Outdoor-Anbau profitieren die Pflanzen von natürlicher Sonneneinstrahlung, was oft zu kräftigerem Wachstum und höheren Erträgen führt. Ein Standort mit 6–8 Stunden direkter Sonneneinstrahlung pro Tag ist optimal.

+ **Geringere Kosten:** Im Vergleich zum Indoor-Anbau sind die Kosten für den Outdoor-Anbau oft niedriger, da keine teure Ausrüstung benötigt wird, denn natürliche Ressourcen wie Sonnenlicht, Regenwasser und frische Luft sind frei verfügbar.

+ **Umweltfreundlich:** Outdoor-Anbau hat in der Regel einen geringeren ökologischen Fußabdruck als Indoor-Anbau, da weniger Energie verbraucht wird und häufig auf synthetische Dünger und Pestizide verzichtet werden kann.

– **Wetterabhängigkeit:** Outdoor-Anbau ist stark von saisonalen Schwankungen abhängig. Plötzliche Kälteeinbrüche, starke Regenfälle oder Dürreperioden können das Wachstum und den Ertrag beeinträchtigen.

– **Regenschutz:** Cannabis ist empfindlich gegenüber zu viel Feuchtigkeit, da dies Schimmelbildung fördert. Eine Überdachung oder der Anbau in gut drainierten Hochbeeten kann helfen, Staunässe zu vermeiden.

– **Aussaatzeitpunkt:** Der beste Zeitpunkt für die Aussaat im Freien hängt vom Klima ab. In gemäßigten Zonen erfolgt die Keimung im Frühjahr (April bis Mai), damit die Pflanzen über den Sommer die gesamten Wachstumsphasen bis zur Blüte durchlaufen können.

Cannabis kann auch Outdoor angebaut werden.

– **Schädlingsbefall & Krankheiten:** Outdoor-Pflanzen sind anfälliger für Schädlingsbefall und Pilzerkrankungen, da sie weniger kontrollierte Bedingungen haben und der natürlichen Umwelt ausgesetzt sind. Natürliche Feinde, Spritzmittel oder Mischkulturen mit schädlingsabweisenden Pflanzen (z. B. Lavendel oder Basilikum) helfen, einen möglichen Befall zu vermeiden.

BENÖTIGTE AUSSTATTUNG

für eine erfolgreiche Ernte

Saatgut kann im Fachhandel sowohl vor Ort als auch online oder in der Anbauvereinigung besorgt werden.

Ein **Anbauzelt** oder -schrank optimiert den Indoor-Anbau, ist aber nicht zwingend nötig (siehe S. 19).

Die richtige **Pflanzenerde** können Sie entweder als vorgefertigte Mischung von diversen Herstellern erwerben oder selbst anmischen (siehe S. 20-21).

Für den Anbau benötigen Sie **Pflanztöpfe** und **-gefäße** in unterschiedlichen Größen (siehe S. 18).

Beim Outdoor-Anbau kann für bessere Drainage ein **Hochbeet** hilfreich sein.

Ein **Belüftungssystem** (siehe S. 16) mit Ventilatoren, Abluft und Kohlefilter für optimale Luftzirkulation und Geruchskontrolle ist beim Indoor-Anbau mit dem Anbauzelt unerlässlich. Auch im Gewächshaus oder beim Indoor-Anbau ohne Zelt ist ein Ventilator für die Luftzirkulation ratsam.

Zum Anbau von Cannabispflanzen werden **Dünger** mit den richtigen Nährstoffverhältnissen benötigt (siehe S. 22).

Mit **LED-Pflanzenlampen** und einer **Zeitschaltuhr** können Sie im Indoor-Bereich den optimalen Lichtzyklus (siehe S. 24) einstellen.

Sie brauchen ein **Thermometer**, am besten mit **Hygrometer** zur Messung der Luftfeuchtigkeit, damit Sie die Temperatur kontrollieren und gegebenenfalls anpassen können (siehe S. 25).

Mindestens eine **Gießkanne** zur Bewässerung ist ratsam. Achten Sie darauf, dass Sie die Wassermenge daran ablesen können, um in jeder Wachstumsphase die richtige Menge Wasser zu geben (siehe S. 27). Je nach Bedarf gibt es auch die Möglichkeiten der **Tropfbewässerung** oder **automatischen Bewässerung (Autopot)**.

Eine **Lupe** hilft Ihnen, in der Blütephase weibliche, männliche und Zwitterpflanzen zu unterscheiden (siehe S. 8). Außerdem können Sie so möglichen Schädlings- oder Schimmelbefall besser erkennen und identifizieren (siehe S. 40-43).

Sie benötigen eine **Gartenschere**, um die Pflanzen in der Wachstums- und Blütephase zu beschneiden und zu formen (siehe S. 28).

Als weitere optionale Ausstattung empfehlen sich ein **Mikroskop**, um die Trichome genau zu betrachten; **Schädlings**- und **Pilzbekämpfungsmittel**, damit ein Befall schnell eingedämmt werden kann; **pH-Teststreifen** für Gießwasser und Substrat.

BLUMENTÖPFE & PFLANZGEFÄSSE

Vor allem beim Indoor-Anbau von Cannabis werden Blumentöpfe oder andere Pflanzgefäße benötigt. Auch für den Outdoor-Anbau ist zumindest die erste Anzucht in Töpfen empfehlenswert. Beim Kauf der Gefäße sollten Sie einige besondere Gesichtspunkte beachten:

Topfgröße: Das Wurzelsystem der Cannabispflanze benötigt ausreichend Platz, um kräftige und ertragreiche Pflanzen auszubilden. Für die erste Keimung sind kleine Anzuchttöpfe aus dem Gartenfachhandel gut geeignet. Danach werden die Setzlinge in Töpfe mit ca. 10–15 Litern Volumen gesetzt, um ein gesundes Wurzelwachstum zu ermöglichen und Überwurzelung zu vermeiden.

Tontöpfe sind eine gute Wahl für Cannabis.

Drainagelöcher: Achten Sie beim Kauf darauf, dass Ihre Töpfe am Boden über ausreichend Drainagelöcher verfügen. So kann überschüssiges Wasser einfach abfließen und Staunässe verhindert werden. Dadurch vermeiden Sie Wurzelfäule und anderen Pflanzenstress, der durch übermäßige Feuchtigkeit verursacht wird.

Material: Pflanzgefäße sind in vielen unterschiedlichen Materialien verfügbar, z.B. Kunststoff, Ton, Stoff oder sogar Fiberglas. Töpfe aus Kunststoff sind leicht und kostengünstig, Tontöpfe bieten eine bessere Belüftung und Drainage, Stoffbehälter fördern eine gesunde Wurzelbildung durch Luftbeschneidung der Wurzelspitzen und Fiberglasgefäße sind leicht und sehr langlebig. Auf welches Material Ihre Wahl fällt, hängt am Ende vor allem von Ihren eigenen Vorlieben ab.

Atmungsaktivität: Ihre Pflanzgefäße sollten atmungsaktiv sein, um eine ausreichende Belüftung der Wurzeln zu ermöglichen. Besonders im Indoor-Anbau ist die Luftzirkulation begrenzter. Hier sind Stoff- und Tongefäße empfehlenswert.

Haltbarkeit: Hochwertige Gefäße aus langlebigen Materialien schonen sowohl die Umwelt als auch Ihren Geldbeutel und können über Jahre hinweg viele Generationen von Cannabispflanzen beherbergen.

Im Anbauzelt sind die Pflanzen vor äußeren Einflüssen geschützt.

ANBAUZELTE & -SCHRÄNKE

Beim Indoor-Anbau wird gerne auf Anbauzelte oder Anbauschränke (auch bekannt als Growzelt, -box oder -schrank) zurückgegriffen. Ein solches Zelt ermöglicht Ihnen, Ihre Pflanzen im Innenraum in einem geschützten Bereich mit kontrollierter Beleuchtung, Belüftung und Temperatur anzubauen. Achten Sie auf eine ausreichende Höhe (mindestens 1,80 m) sowie die Möglichkeit, Pflanzenlampen und ein Abluftsystem unterzubringen. Ein Anbauzelt ist zwar in der Erstanschaffung eine größere Investition, es ermöglicht Ihnen aber auch, komfortabel ganzjährig Ihr eigenes Cannabis anzubauen. Wenn Sie Ihren ersten Versuch ohne Anbauzelt durchführen möchten, können Sie Ihre Pflanzen im April anzüchten und auf einer Fensterbank mit einer direkten Sonneneinstrahlung von sechs bis acht Stunden am Tag unterbringen.

ERDE & SUBSTRATE

Der richtige Boden bietet die Grundlage für optimale Wachstumsbedingungen, durch die Sie gesunde und möglichst ertragreiche Pflanzen heranzüchten. Im Fachhandel gibt es viele Substratmischungen, die speziell für den Anbau von Cannabis entwickelt wurden. Bei der Wahl der richtigen Pflanzenerde sollten Sie auf folgende Aspekte achten:

Bodenbeschaffenheit: Der ideale Boden für den Cannabisanbau sollte etwas durchlässig sein, um eine gute Wasser- und Luftzirkulation zu gewährleisten. Ein ausgewogener pH-Wert zwischen 6 und 7 ist optimal für die meisten Cannabissorten.

Nährstoffgehalt: Der Boden sollte reich an Nährstoffen, insbesondere Stickstoff (N), Phosphor (P) und Kalium (K), sein, die für das gesunde Wachstum der Pflanzen unerlässlich sind. Die Zugabe von organischen Düngemitteln kann den Nährstoffgehalt des Bodens verbessern.

Struktur & Textur: Ein lockerer Boden mit einer guten Struktur und Textur ist wichtig, um die Wurzelentwicklung zu fördern und Staunässe zu vermeiden. Bodenverbesserer wie Kompost oder Perlite können dazu beitragen, die Qualität des Bodens zu steigern.

Wasserretention: Der Boden sollte in der Lage sein, Feuchtigkeit zu speichern, um die Pflanzen mit ausreichend Wasser zu versorgen, insbesondere während trockener Perioden. Die Zugabe von organischen Materialien kann die Wasserretention verbessern.

Drainage: Eine effektive Drainage ist entscheidend, um Staunässe zu verhindern und Wurzelfäule vorzubeugen. Übermäßig feuchte Böden können zu Problemen wie Schimmel und Pilzbefall führen. Die Zugabe von Sand oder Kies kann die Drainage verbessern.

Organische Inhaltsstoffe: Organische Bodenverbesserer wie Kompost, Wurmhumus und Tiermist können den Boden mit wichtigen Nährstoffen anreichern und das Bodenleben fördern. Eine lebendige Bodenökologie ist entscheidend für ein gesundes Pflanzenwachstum.

Vorbereitung des Bodens: Bevor die Cannabispflanzen eingepflanzt werden, sollte der Boden gründlich vorbereitet werden. Dies kann das Lockern des Bodens, das Entfernen von Unkraut und das Hinzufügen von organischem Material umfassen.

Wer möchte, kann sich auch eine eigene Erdmischung für den Cannabisanbau zusammenstellen. Für Anfänger sind die folgenden Inhaltsstoffe empfehlenswert:

Hochwertige (Bio-)Blumenerde, als Nährstoffgrundlage und Struktur für die Pflanzen.

Kokosfaser für verbesserte Drainage und Belüftung.

Wurmhumus oder **Gärtnerkompost**, um organische Nährstoffe in den Boden zu bringen.

Perlite, ein leichtes, vulkanisches Gestein, das für Lockerung und zusätzliche Drainage sorgt.

Vermiculite, ein Mineral, das sehr gut Feuchtigkeit aufnimmt und speichert.

Blähton, ein leichtes, poröses Tonmaterial, das sich hervorragend als Drainageschicht in Blumentöpfen und anderen Pflanzgefäßen eignet.

Je nach Anbaumethode können Sie daraus unterschiedliche Substratmischungen für den Cannabisanbau herstellen.

Allzweckmischung	Mischung für den Outdoor-Anbau	Mischung für den Indoor-Anbau
40% Blumenerde	40% Blumenerde	50% Perlite
30% Kokosfaser	30% Kompost	30% Vermiculite
20% Perlite	20% Kokosfaser	10% Kokosfaser
10% Wurmhumus	10% Perlite	10% Blähton

NÄHRSTOFFE & DÜNGER

Um zu überleben, benötigen Pflanzen eine Reihe von Nährstoffen. Abgesehen von der Nährstoffzufuhr durch Luft und Wasser (Kohlenstoff, Sauerstoff und Wasserstoff) wird der weitere Bedarf der Pflanzen über die Erde mit der Hilfe von Düngemitteln zugeführt. In der Regel sind die Substratmischungen, die auf dem Markt erhältlich sind, schon mit allen Nährstoffen, die die Pflanzen zum Wachstum brauchen, versehen. Es schadet jedoch nicht, einige Grundkenntnisse zu besitzen, um Nährstoffmängel rechtzeitig zu erkennen und ihnen entgegenwirken zu können.

Abb. 1: Verbrannte Blattränder sind häufig ein Anzeichen für Überdüngung.

Die wichtigsten Nährstoffe sind:

Stickstoff: Benötigt zur Photosynthese. Fördert vegetatives Wachstum und die Entwicklung von Blättern und Stängeln.

Phosphor: Verantwortlich für eine gesunde Wurzel- und Blütenbildung.

Kalium: Reguliert die Blütenbildung und verbessert die Widerstandsfähigkeit gegen Krankheiten und Stress.

Magnesium: Benötigt zur Photosynthese. Unterstützt Enzymbildung und Nährstoffaufnahme.

Kalzium: Fördert die Zellstruktur und Stabilität und macht die Pflanze robuster gegenüber Schädlingen und Krankheiten.

Schwefel: Unterstützt die Bildung von Chlorophyll zur Photosynthese.

weitere Nähstoffe: Eisen, Zink, Mangan, Kupfer, Bor, Molybdän sind nur in geringeren Mengen erforderlich und unterstützen verschiedene Stoffwechselprozesse und enzymatische Reaktionen der Pflanze.

Man unterscheidet zwischen organischen und anorganischen Düngemitteln. Anorganische Dünger werden chemisch synthetisiert und sind dadurch schnell und hochdosiert für die Pflanze verfügbar. Organische Düngemittel werden aus natürlichen Quellen gewonnen und geben ihre Nährstoffe über einen längeren Zeitraum gleichmäßig an die Pflanzen ab. Außerdem enthalten organische Dünger in der Regel weitere Inhaltstoffe wie bodenverbessernde Organismen, die eine positive Auswirkung auf die Gesundheit Ihrer Pflanzen haben können, daher sind diese Düngemittel besonders beliebt. In der Regel sind vorgefertigte Substratmischungen mit entsprechenden Düngern und Bodenverbesserern versetzt; auch die meisten Volldünger verfügen über ein ausgewogenes Mischverhältnis der benötigten Nährstoffe. Dünger werden durch ihr NPK-Verhältnis, also ihre Anteile von Stickstoff (N), Phosphor (P) und Kalium (K), gekennzeichnet. Bei einem Allrounder sollte das Produkt einen Anteil von jeweils 20% dieser Nährstoffe beinhalten.

Es gibt eine reichhaltige Palette organischer Dünger, die Sie Ihrer Substratmischung hinzufügen können, um die optimale Entwicklung Ihrer Pflanzen zu unterstützen. Eine kleine Auswahl organischer Düngemittel sind die folgenden:

Kompost ist eine ausgezeichnete Quelle für organische Materialien und Nährstoffe. Er enthält eine Vielzahl von Nährstoffen, einschließlich Stickstoff, Phosphor, Kalium und Spurenelemente. Durch die Verwendung von Kompost verbessern Sie auch die Bodenstruktur und fördern das Bodenleben.

Kaffeesatz ist reich an Stickstoff und enthält auch kleine Mengen anderer Nährstoffe wie Phosphor und Kalium. Das Hinzufügen von Kaffeesatz zum Boden oder zur Kompostmischung kann daher eine gute und nachhaltige Möglichkeit sein, Ihre Pflanzen mit Nährstoffen zu versorgen.

Fischmehl oder -emulsion sind hervorragende Quellen für Stickstoff, Phosphor und Kalium sowie für Spurenelemente wie Kalzium und Magnesium. Sie sind schnell verfügbar und können als Bodendünger oder Blattdünger angewendet werden.

Algenextrakte sind reich an Nährstoffen und enthalten eine Vielzahl von Spurenelementen, Aminosäuren und Wachstumshormonen. Sie können als Bodendünger oder Blattdünger verwendet werden, um das Wachstum zu fördern und die Pflanzengesundheit zu verbessern.

Wurmhumus ist reich an Nährstoffen und enthält eine hohe Konzentration von Stickstoff, Phosphor, Kalium und Spurenelementen. Er verbessert auch die Bodenstruktur und fördert das Bodenleben.

Überdüngung
Eine Überdüngung kann zu „verbrannten" Wurzeln, Nährstoffungleichgewichten und verkümmerten oder sogar absterbenden Pflanzen führen. Bei Anzeichen einer Überdüngung (Abb. 1) sollten Sie den Boden mit destilliertem Wasser spülen.

BELEUCHTUNG

Künstliches Licht oder Sonne

Je nach Wachstumsphase benötigt Cannabis unterschiedliche Lichtspektren und Licht- und Dunkelphasen. Als photoperiodische Pflanze wird außerdem die Blütephase durch eine Veränderung im Lichtzyklus stimuliert. Beim Indoor-Anbau ist es ratsam, die Wachstumsphasen der Pflanzen durch Pflanzenlampen zu unterstützen, beim Anbau im Anbauzelt ist dies sogar notwendig, da dort natürliches Licht fehlt.

Vollspektrum-LED-Lampen unterstützen das Pflanzenwachstum.

PFLANZENLAMPEN

Cannabispflanzen benötigen während ihrer verschiedenen Wachstumsphasen unterschiedliche Lichtspektren. In der vegetativen Phase regen blaue Lichtspektren das Wachstum an. Während der Blütephase stimulieren rote Lichtspektren die Blütenproduktion. Um im Indoor-Anbau alle Lichtspektren abzudecken, sind Vollspektrum-LED-Lampen empfehlenswert. Eine weitere Möglichkeit sind Hochdruck-Natriumdampflampen (HPS), allerdings haben diese einen höheren Energieverbrauch und erzeugen mehr Wärme.

BELEUCHTUNGSZYKLUS

Zu Anfang benötigen Cannabispflanzen in ihrer Sämlingsphase 18–24 Stunden Licht am Tag, um das erste Wachstum voranzutreiben. Während der vegetativen Wachstumsphase bevorzugen die Pflanzen lange Lichtperioden von etwa 18 Stunden am Tag und kurze Dunkelphasen von sechs Stunden. Die Blütephase wird mit einem Wechsel zu einem Beleuchtungszyklus auf zwölf Stunden Licht und zwölf Stunden Dunkelheit eingeleitet.

Für die optimalen Lichtverhältnisse beim Outdoor-Anbau sollten Sie Ihre Pflanzen im April oder Mai keimen und dann auspflanzen. Achten Sie auf einen Standort mit sechs bis acht Stunden direkter Sonneneinstrahlung am Tag. Durch die natürlichen jahreszeitlichen Lichtzyklen müssen Sie keine zusätzliche Beleuchtung hinzuziehen.

UMGEBUNGS-TEMPERATUR

Indoor & Outdoor

Für gesunde Pflanzen mit kräftigem Wachstum sollten Sie die Umgebungstemperatur im Auge behalten. Daher ist es ratsam, an dem Ort, an dem Sie Ihre Pflanzen anbauen, ein Thermometer aufzustellen. Zusätzlich sind Temperatur und Luftfeuchtigkeit eng miteinander verbunden. Achten Sie darauf, dass Ihr Thermometer in Kombination mit einem Hygrometer kommt, sodass Sie auch die Luftfeuchtigkeit kontrollieren können (siehe S. 26). Während der vegetativen Phase gedeihen Ihre Cannabispflanzen in einem Temperaturbereich von 20–28 °C am besten. Zur Blütephase darf es dann etwas moderater sein – die Temperatur sollte in einem Bereich zwischen 18 und 24 °C liegen.

TEMPERATUR IM INDOOR-ANBAU

Da der natürliche Tag- und Nachtzyklus auch Temperaturschwankungen mit sich bringt, kann sich die Temperatur während dieser Dunkelphasen durchaus an den niedrigeren Werten orientieren. Beim Indoor-Anbau können Sie Einfluss auf die Temperatur nehmen, indem Sie bei der Anschaffung der Pflanzenlampen darauf achten, dass diese nicht zu viel Wärme abgeben und gegebenenfalls den Abstand zwischen Ihren Pflanzen und den Lampen bei zu hoher Wärmeabgabe vergrößern. Des Weiteren können Sie Ventilatoren zur Luftzirkulation aufstellen und die Belüftung Ihres Anbauzelts mit einem Kühlsystem ausstatten.

TEMPERATUR IM OUTDOOR-ANBAU

Gerade beim Outdoor-Anbau sind große natürliche Temperaturschwankungen ein Faktor, der zu Pflanzenstress führen kann. Hitzebelastung kann die Wasserretention Ihrer Cannabispflanzen verringern und damit das Wachstum verlangsamen, während zu niedrige Temperaturen das Pflanzenwachstum nicht nur hemmen, sondern auch zu Frostschäden führen können. Achten Sie beim Kauf Ihres Saatguts darauf, dass Ihre Auswahl für den Outdoor-Anbau besonders geeignet ist, denn je nach Sorte sind Cannabispflanzen mehr oder weniger temperaturempfindlich. Indica-Sorten sind Temperaturschwankungen gegenüber in der Regel robuster als Sativa-Sorten, die etwas mehr Wärme benötigen. Ein kleines Gewächshaus kann außerdem die Wärme vom Tag speichern und Bodenfrost verhindern.

BELÜFTUNG & LUFTFEUCHTIGKEIT

im Überblick

Cannabispflanzen, vor allem ihre Blüten, können empfindlich auf verschiedene Luftfeuchtigkeitsverhältnisse reagieren. Ist die Luftfeuchtigkeit zu niedrig, kann das zu Trockenstress führen, während zu hohe Luftfeuchtigkeit Schimmelpilzbildung in den Blüten („bud rot") begünstigt. Die Luftfeuchtigkeit können Sie mit einem Hygrometer kontrollieren und mit verschiedenen Maßnahmen zur Belüftung beeinflussen, denn durch eine effektive Luftzirkulation kann überschüssige Luftfeuchtigkeit und Wärme abgeführt werden.

BELÜFTUNGSSYSTEME

Es gibt verschiedene Arten von Belüftungssystemen, mit denen Sie Einfluss auf die Luftfeuchtigkeit nehmen können. Welches für Sie geeignet ist, hängt von der Umgebung (z.B. Anbauzelt, Zimmer oder Gewächshaus), der Größe des zu belüftenden Bereichs und der Anzahl der Pflanzen ab. Abluft- und Einlassventilatoren können warme, feuchte Luft aus dem Anbauraum, -zelt oder Gewächshaus ab- und frische Luft zuführen. Durch die Luftzirkulation wird außerdem CO_2 besser verteilt und das Risiko der Schimmelbildung reduziert. Mit zusätzlichen Luftfiltern, z.B. Aktivkohlefiltern an Abluft- und Einlassventilatoren, können Sie Verunreinigungen in der Luft sowie starke Gerüche entfernen.

Die ideale Luftfeuchtigkeit für Cannabispflanzen variiert je nach Wachstumsphase:

65–70% Keimung & Sämlingsphase
40–60% Vegetative Phase
40–50% Blütephase

BEWÄSSERUNG

Die Faustregeln

Wie jede andere Pflanze benötigt auch Cannabis ausreichend Wasser, um zu gedeihen. Anstatt einfach nur „frei Schnauze“ zu gießen, können Sie einige Aspekte beachten, um das Wachstum und den Ertrag Ihrer Pflanzen zu optimieren.

WASSERQUALITÄT

Idealerweise ist Ihr Wasser frei von Schadstoffen. Leitungswasser mit höherem Chlorgehalt sollten Sie, bevor Sie die Pflanzen damit gießen, eine Weile stehen lassen, denn so kann das Chlor ausgasen. In Deutschland hat das Leitungswasser in der Regel einen extrem niedrigen Chlorgehalt, wird aber in Ausnahmefällen (z.B. nach sehr starken Regenfällen oder Reparaturen am Versorgungsnetz) zusätzlich gechlort. Mit pH-Teststreifen können Sie den pH-Gehalt des Wassers bestimmen, der im Optimalfall 6–6,8 beträgt und bei Abweichungen reguliert werden sollte, um die Nährstoffaufnahme der Pflanzen zu unterstützen.

FAUSTREGELN ZUR BEWÄSSERUNG

Wassermenge: Gießen Sie Ihre Cannabispflanzen mit einer Wassermenge, die etwa 10–25 % der Kapazität des Pflanzgefäßes entspricht. Während der Keimung sollten Sie Sich eher am unteren Spektrum orientieren, in der Wachstumsphase steigt der Wasserbedarf dann stark an und sinkt zur Blütephase wieder etwas.

Bodenfeuchtigkeit: Über die Bodenfeuchtigkeit können Sie den richtigen Bewässerungszeitpunkt ermitteln und feststellen, wie viel Wasser Sie gießen sollten. Wenn die ersten 2–3 cm des Pflanzsubstrats trocken sind, sollte die Pflanze bewässert werden.

Zeitpunkt: Der beste Bewässerungszeitpunkt ist in der Regel morgens oder abends, wenn die Temperatur etwas kühler und die Wasserverdunstung geringer ist. Je nach Temperatur sollten Sie Ihre Pflanzen alle ein bis drei Tage bewässern, bei extremen Hitzeperioden sogar zweimal am Tag. Überprüfen Sie die Bodenfeuchtigkeit, bevor Sie gießen.

TRAINING

für maximale Erträge

„Training“ bezeichnet unter Anderem das Beschneiden, Biegen und Binden der Pflanze und ihrer Triebe. Es gibt vielfältige Techniken, um Cannabispflanzen zu trainieren.

Abb. 1: Low-Stress-Training mit Gummibändern.
Abb. 2: Ein grobmaschiges Scrogging-Gitter.

Low-Stress-Training (LST): Low-Stress-Training bedeutet, die Zweige und Seitentriebe der Pflanze zu biegen und festzubinden, um das Wachstum horizontal zu steuern und eine breitere, buschige Pflanze zu erhalten. (Abb. 1). So werden auch die unteren Triebe vom Licht erreicht und die Luftzirkulation wird verbessert, was zu einer höheren Blütenproduktion führen kann. Eine weitere LST-Methode ist das sogenannte „Scrogging“. Scrogging steht für „Screen of Green”. Dabei wird über der Pflanze ein grobmaschiges Netz oder Gitter platziert, durch das die unteren Triebe nach oben und die oberen Triebe nach unten geführt werden (Abb. 2).

Abb. 3: Beim Topping wird der Hauptwachstumspunkt der Pflanze beschnitten.

High-Stress-Training (HST): Beim High-Stress-Training werden einige Zweige der Cannabispflanze gezielt beschnitten oder gebrochen. Dazu gehören beispielsweise Topping, Defoliation oder die Lollipop-Methode. Beim Topping wird der oberste Teil des Hauptwachstumspunkts der Pflanze entfernt, um das Wachstum von mehreren neuen Trieben an der beschnittenen Stelle zu stimulieren (Abb. 3). Defoliation bedeutet, größere Blätter zu entfernen um die Luftzirkulation und Lichtdurchdringung zu verbessern, während bei der Lollipop-Methode die unteren Zweige und Blätter entfernt werden (Abb. 4), damit die Pflanze ihre Energie auf das Wachstum der oberen Blütenstände konzentrieren kann.

Fortgeschrittene Grower verwenden unter anderem auch Techniken wie Dunkelperiode-Unterbrechungen (kurze Lichtblitze in der Blütephase), CO_2-Bereicherung oder kontrollierten Pflanzenstress, um ihre Erträge zu steigern.

TRAININGSKOMBINATIONEN

Es kann äußerst effektiv sein, Low- und High-Stress-Methoden zu kombinieren, um einen großen Ertrag und zahlreiche Blütenstände zu erzielen. Beispielsweise können Sie über mehrere Wochen hinweg in die Blütephase hinein die genannten Methoden in der folgenden Reihenfolge anwenden:

1. Topping: Die Hauptspitze wird entfernt, sobald die Pflanze etwa vier bis sechs Nodien (Blattpaare) entwickelt hat. So fördern Sie das Wachstum der Seitentriebe und die Ausbildung mehrerer Hauptspitzen.

2. LST: Nach dem Topping biegen und binden Sie die Seitentriebe, um das horizontale Wachstum anzuregen und eine gleichmäßige Lichtverteilung zu gewährleisten. Dadurch wächst die Pflanze flacher und breiter, was eine gute Grundlage für Scrogging liefert.

3. Scrogging: Ihre Cannabispflanze ist nun etwas in die Breite gewachsen und bereit für Scrogging. Sie platzieren das Netz oder Gitter mit 20–30 cm Abstand über der Pflanze und führen die Triebe bei weiterem Wachstum durch das Netz hindurch und dann wieder nach unten. Dies unterstützt ein gleichmäßiges Wachstum der Blütenstände.

Abb. 4: Die unteren Blätter und Blütenstände wurden nach der Lollipop-Methode entfernt.

4. Lollipop: Vor dem Beginn der Blütephase entfernen Sie die unteren Zweige und Blätter, um die Energie der Pflanze auf die oberen Bereiche und die Ausbildung der Blüten zu konzentrieren. Außerdem reduzieren Sie so das Risiko von Schimmel- und Schädlingsbefall in den unteren Bereichen der Pflanze.

5. Defoliation: Während der Blütephase können Sie nun selektiv Blätter entfernen, um die Lichtdurchdringung zu verbessern und die Luftzirkulation zu erhöhen. Dies trägt zur Bildung großer, dichter Blütenstände bei.

ERNTE & TROCKNUNG

Zeitpunkt & Methoden

Gegen Ende der Blütephase sind die Blüten vollständig ausgereift. Den richtigen Erntezeitpunkt können Sie an den Trichomen ausmachen – sie sollten größtenteils eine milchig-weiße Färbung haben. Die kleinen Härchen an den Blüten, die sogenannten „Stigmen", sollten sich von Weiß nach Orange verfärben. Der Erntezeitpunkt kann die Wirkung des Endprodukts beeinflussen. Früh geerntete Blüten können zu einem energetischen Hoch führen, während spätere Ernten eine stärker sedierende Wirkung haben können. Beachten Sie jedoch, dass die Cannabinoide zerfallen können und die Wirkung entsprechend abgemildert wird, je länger Sie die Ernte herauszögern. Eine stärkere Bernsteinfärbung deutet auf mehr zerfallene Cannabinoide hin. Wenn Sie verschiedene Sorten angepflanzt haben, sollten Sie auch bei den folgenden Schritten die Ernte je nach Sorte trennen. So können Sie später genau zuordnen, welche Sorte und Wirkung Ihnen am meisten zusagt.

ERNTEMETHODEN

Es gibt verschiedene Herangehensweisen, um die Blüten der Cannabispflanzen zu ernten:

Ernte der gesamten Pflanze: Bei dieser Methode werden die gesamten Pflanzen am Stammansatz abgeschnitten (Abb. 1).

Selektive Ernte: Bei dieser Methode werden die Zweige mit den reifsten Blüten selektiv geerntet, während unreife Blüten weiterwachsen können. Dies ermöglicht eine längere Reifezeit für bestimmte Teile der Pflanze.

Sukzessive Ernte: Bei dieser Methode werden die Blütenzweige von oben nach unten in mehreren Schritten geerntet. Dies ermöglicht eine optimale Reifung der unteren Blütenstände.

Abb. 1: Ernte der ganzen Pflanze am Stammansatz.

Abb. 2: Trocknung der Blüten an einer Wäscheleine.

BESCHNITT & TROCKNUNG

Nach der Ernte trennen Sie die größeren Zweige vom Stamm und beschneiden die Blätter, um die Blüten auf die Trocknung vorzubereiten. Die Zweige werden kopfüber in einem gut belüfteten Raum aufgehangen, z.B. an einer Wäscheleine, Kleiderbügeln oder einem speziellen Trocknungsgitter (Abb. 2). Achten Sie auf eine Luftfeuchtigkeit von etwa 45–55 % und halten Sie die Temperatur zwischen 18 und 24 °C. Außerdem sollten Sie die Blüten während der Trocknung auf Schimmelpilzbildung überprüfen und betroffene Blüten sofort entsorgen. Die Blüten sollten vor Lichteinstrahlung geschützt werden, da diese durch Oxidation den Abbau von Cannabinoiden und Terpenen anregt. Durch regelmäßiges Lüften und gegebenenfalls zusätzliche Luftzirkulation mit einem Ventilator können Sie das Risiko der Schimmelbildung einschränken.

Die Trockenzeit kann je nach Luftfeuchtigkeit, Temperatur und Dichte der Blüten variieren. Es kann etwa sieben bis 14 Tage dauern, bis die Blüten trocken genug sind. Den Trocknungsfortschritt können Sie überprüfen, indem Sie die Blüten berühren und auf Knistern und Trockenheit achten.

FERMENTATION

Die letzten Schritte

Nach der Lufttrocknung müssen die Blütenharze aushärten und fermentieren. Dafür trennen Sie die Blüten von den Stielen und legen sie in luftdichte Gläser, z.B. Einmachgläser.

Die Gläser befüllen Sie zu etwa zwei Dritteln, um ausreichend Platz für Luftzirkulation zu lassen. Sie sollten an einem kühlen, dunklen Ort gelagert werden. Ideale Bedingungen sind eine Temperatur von 18–21 °C und eine Luftfeuchtigkeit von 55–65 %. Die Luftfeuchtigkeit können Sie kontrollieren, indem Sie ein Hygrometer im Glas aufbewahren.

Die Gläser müssen täglich für fünf bis zehn Minuten geöffnet werden, um Luft auszutauschen und die Feuchtigkeit zu regulieren. Dieser Luftaustausch fördert den Fermentationsprozess, verbessert das Aroma der Blüten und verhindert Schimmelbildung. Wenn die Luftfeuchtigkeit in den Gläsern zu hoch ist, lassen Sie sie etwas länger geöffnet. Bei zu niedriger Feuchtigkeit können Sie kleine Befeuchtungs-Packs hineingeben.

Die Aushärtung und Fermentation der Blüten dauert, je nach Feuchtigkeitsgehalt, mindestens zwei bis vier Wochen. Erst dann können Sie Ihre Ernte rauchen bzw. verdampfen.

Einmachgläser mit Bügelverschluss sind ideal, um Cannabis aufzubewahren.

LAGERUNG

Nach Abschluss der Aushärtung können die Cannabisblüten weiterhin in den gleichen Gläsern an einem kühlen, dunklen und trockenen Ort gelagert werden, um ihre Frische und Qualität zu erhalten. Öffnen Sie die Gläser nur, wenn Sie Blüten entnehmen möchten, um eine Oxidation der Cannabinoide zu vermeiden und Aroma und Potenz beizubehalten. Bei der Gelegenheit sollten Sie die Blüten immer auf Feuchtigkeit und Schimmel überprüfen und befallene Blüten entfernen.

QUALITÄTS-KONTROLLE

der fermentierten Blüten

Nun sind Sie an dem Punkt angekommen, für den man in der Regel Cannabis anbaut: dem Konsum. Zur Kontrolle der Qualität Ihrer Ernte sollten Sie vor und während des Verdampfens oder Rauchen der Blüten auf einige Aspekte und Merkmale achten.

ÄUSSERE MERKMALE

Achten Sie auf eine dichte und gleichmäßige Trichombedeckung. Die Trichome sind ein guter Hinweise auf die Potenz der Cannabinoide und Terpene. Je nach Cannabissorte können die Blüten unterschiedliche Farben aufweisen. Die meisten Sorten sind grün, es gibt aber auch Sorten mit anderen Farbnuancen, z.B. Orange, Lila oder sogar Blau. Die Blüten sollten eine feste und dichte Struktur aufweisen. Durch das Harz sind sie bei der Berührung etwas klebrig. Sie sollten einen angemessenen Feuchtigkeitsgehalt haben, denn zu feuchte Blüten sind anfällig für Schimmel, während zu trockene Blüten beim Konsum unangenehmes Kratzen im Hals auslösen können. Wenn die Blüten spröde und brüchig sind, sind sie zu trocken. Dem können Sie mit einem Feuchthaltemittel, einem sogenannten Hygropack, entgegenwirken.

GERUCH & GESCHMACK

Hochwertiger Cannabis sollte einen starken und komplexen Duft aufweisen, der je nach Sorte und Terpenprofil variieren kann. Achten Sie auf aromatische Noten von Früchten, Gewürzen, Zitrusfrüchten oder Erde. Der Geschmack des Cannabis kann stark variieren und hängt ebenfalls von den enthaltenen Terpenen ab. Ihr Cannabis sollte beim Rauchen oder Verdampfen einen reichen und vielschichtigen Geschmack haben, der die Aromen widerspiegelt, die Sie am Geruch der Blüte schon wahrgenommen haben.

WIRKUNG

Zu guter Letzt ist natürlich auch die Wirkung des Cannabis ein wichtiger, wenn nicht sogar der wichtigste Indikator für die Qualität und Potenz der Blüten. Ihr Cannabis sollte eine klare, angenehme Wirkung haben, die je nach Einsatz und Bedürfnissen den gewünschten Effekt erzeugt, z.B. Entspannung, Schmerzlinderung oder Euphorie. Wenn Sie besonders neugierig sind, können Sie eine kleine Menge Ihrer Blüten im Labor professionell auf ihren THC- und CBD-Gehalt untersuchen lassen. Durch die Ergebnisse können Sie Rückschluss darauf ziehen, wie kraftvoll die Wirkung Ihres selbstangebauten Cannabis sein wird.

AROMA-OPTIMIERUNG

während des Anbaus & danach

So viele unterschiedliche Sorten Cannabis es gibt, so vielfältig ist auch das Aroma der verschiedenen Blüten. Neben der Wirkung legen viele Konsumenten daher auch Wert auf den Geschmack des Endprodukts. Je nach enthaltenen Terpenen können die verschiedenen Sorten Aromen von Früchten, Gewürzen, Blumen oder anderem aufweisen. Daher geben Shops und Händler bei den verschiedenen Sorten auch häufig die zugehörigen Geschmacksnuancen mit an. Durch die Beachtung verschiedener Punkte im Anbauprozess können Sie die Intensität des Aromas beeinflussen.

UMWELTBEDINGUNGEN

Achten Sie auf optimale Anbaubedingungen wie richtige Temperatur, Luftfeuchtigkeit, Beleuchtung und Nährstoffversorgung. Gute Umgebungsbedingungen können die Produktion von Terpenen fördern und das Aroma verbessern. Manche Anbauer verwenden natürliche Produkte wie Molasse oder spezielle Terpenzusätze, um das Aroma zu verstärken.

ERNTE & TROCKNUNG

Der optimale Zeitpunkt für die Ernte ist, wenn die Trichome milchig-weiß oder bernsteinfarben sind: Dann haben sie das maximale Terpenprofil. Trocknen Sie die Cannabisblüten langsam und schonend, um den Erhalt der Terpene und die Entwicklung komplexer Aromen zu fördern. Vermeiden Sie schnelles Trocknen bei hohen Temperaturen, da dies zu einem Verlust von Aromastoffen führen kann.

FERMENTATION & LAGERUNG

Führen Sie eine sorgfältige Fermentation der Cannabisblüten durch, um die Entwicklung und Intensität des Aromas zu unterstützen. Durch die Fermentation bauen die Blüten Chlorophyll und Bitterstoffe ab, was zu einem geschmeidigeren Rauch- bzw. Verdampferlebnis führt. Sie sollten die Blüten mindestens zwei bis vier Wochen fermentieren bevor Sie sie das erste Mal konsumieren – manche Kenner warten sogar bis zu sechs Monate ab.

WEITERE TIPPS

für gesunde Pflanzen

Neben der Wahl von widerstandsfähigen und pflegeleichten Sorten ist es hilfreich, auf die folgenden Punkte zu achten, um das Risiko von Schädlings- oder Krankheitsbefall zu minimieren und gesunde, robuste Cannabispflanzen mit hohem Ertragspotenzial anzubauen.

HYGIENE & SAUBERKEIT

Waschen Sie Ihre Hände, bevor Sie die Pflanzen berühren. Neue Pflanzen oder Stecklinge sollten mindestens zwei Wochen in Quarantäne getrennt von anderen Pflanzen untergebracht werden. So können Sie potenzielle Schädlinge und Krankheiten behandeln, bevor Ihre restlichen Pflanzen infiziert werden. Halten Sie die Umgebung der Pflanzen sowie Gießkannen, Scheren und andere Werkzeuge sauber.

SUBSTRAT- & PFLANZENPFLEGE

Verwenden Sie hochwertige Pflanzenerde und andere Substrate. Nach Möglichkeit sollten Sie pH- und Nährstoffwerte des Bodens regelmäßig überprüfen und bei Bedarf anpassen. Abgestorbene Pflanzenteile, Unkraut und Schmutz sollten Sie regelmäßig entfernen. Achten Sie bei den Blättern und Blüten Ihrer Pflanzen auf Verfärbungen, Flecken, Löcher oder Spinnenweben, um Mangelerscheinungen und Schädlingsbefall zu identifizieren. Je früher Sie ein Problem erkennen, desto leichter ist es zu behandeln.

UMGEBUNGSBEDINGUNGEN

Beim Anbau sollten Sie einige Umgebungsbedingungen beachten, um Ihre Pflanzen möglichst kräftig und gesund zu halten. Um eine vernünftige Luftzirkulation zu gewährleisten, dürfen die Pflanzen nicht zu dicht beieinander stehen, denn Überbevölkerung erhöht das Risiko von Schimmelbildung und begünstigt die schnellere Weitergabe von Schädlingsbefall. Bei der Luftzirkulation ist darauf zu achten, dass die Pflanzen nur sanft belüftet werden (z.B. mit Ventilator oder am Fenster). Vermeiden Sie starke Zugluft. Größere Temperaturschwankungen können zu minderwertigem Wachstum und Schäden durch Pflanzenstress führen. Am besten bringen Sie Ihre Pflanzen erst nach dem üblichen Nachtfrost im späten Frühjahr nach draußen, wenn Sie Outdoor-Anbau bevorzugen. Außerdem ist eine Überdachung als Regenschutz im freien Gelände ratsam.

UND WENN DOCH ETWAS SCHIEF GEHT?

Keine Panik! Die häufigsten Probleme beim Cannabisanbau sind Nährstoffmängel, Schädlingsbefälle sowie Schimmelpilze und Wurzelfäule. Wie Sie diese erkennen und effektiv behandeln können, erfahren Sie auf den nachfolgenden Seiten.

NÄHRSTOFF-MANGEL

erkennen & beheben

Wenn Ihre Pflanzen einen Nährstoffmangel haben, macht sich dieser auf unterschiedliche Arten bemerkbar. Woran Sie eine Mangelerscheinung erkennen und wie Sie diese beheben können, finden Sie in der nachstehenden Übersicht. Achten Sie bei den angegebenen Düngemitteln auf die Anwendungsempfehlung der Hersteller.

Abb. 1: Gelbe Blätter sind ein Anzeichen für Stickstoffmangel.

STICKSTOFFMANGEL

Merkmale: Gelbe oder helle Blätter (Abb. 1) beginnend von den unteren Blättern, verzögertes Wachstum und verkümmerte Pflanzen.

Behandlung: Stickstoffhaltige Dünger (z.B. Kompost oder Fischmehl); Klee oder Luzerne, um Stickstoff im Boden zu fixieren, Reduzierung der Verwendung von Torf.

PHOSPHORMANGEL

Merkmale: Verlangsamtes Wachstum und verkürzte Internodien (Stammabstand zwischen den Blattknoten), Verfärbung der Blätter zu einem dunklen Blau/Purpur, verzögerte oder unregelmäßige Blütenbildung.

Behandlung: Phosphorhaltige Dünger (z.B. Fischmehl, Knochenmehl oder Phosphatgestein), Verbesserung der Bodenstruktur und -qualität durch Kompost.

Abb. 2: Gekräuselte Blätter deuten auf Magnesiummangel hin.

KALIUMMANGEL

Merkmale: Randbrennen oder Vergilbung der Blätter, schwache Stängel und höhere Anfälligkeit für Krankheiten, verzögerte Blütenbildung.

Behandlung: Kaliumhaltige Dünger (z.B. Holzasche, Kaliumsulfat, Kaliummagnesia), bei niedrigem pH-Wert den Boden mit Wasser spülen und dann Volldünger verwenden.

MAGNESIUMMANGEL

Merkmale: Gekräuselte oder nach unten gerollte Blätter (Abb. 2), Gelbfärbung zwischen den Blattadern, verzögertes Wachstum und generelle Schwäche der Pflanze.

Behandlung: Magnesiumhaltige Dünger (z.B. Magnesiumsulfat/Bittersalz oder Dolomitkalk), Verbesserung der Drainage des Bodens.

EISENMANGEL

Merkmale: Gelbe Blätter mit grünen Adern, besonders bei jungen Blättern.

Behandlung: Eisenhaltige Dünger (z.B. Eisensulfat oder Chelat), Verbesserung der Luftdurchlässigkeit und Drainage des Bodens.

KALZIUMMANGEL

Merkmale: Verformte Blätter mit braunen Flecken und Rändern (Abb. 3), verlangsamtes Wachstum und Verkümmern neuer Blätter, weniger Blüten und Anfälligkeit für Blütenfäule.

Behandlung: Kalziumhaltige Dünger (z.B. Kalk oder Gips) zufügen, um den zu niedrigen pH-Wert des Bodens zu korrigieren.

SCHWEFELMANGEL

Merkmale: Gelbe Blätter mit grünen Adern (betrifft häufig junge Blätter), verlangsamtes Wachstum und verkürzte Internodien (Stammabstand zwischen den Blattknoten), allgemeine Pflanzenschwäche und erhöhte Anfälligkeit für Krankheiten.

Behandlung: Schwefelhaltige Dünger (z.B. Schwefelkies) verwenden, um den zu hohen pH-Wert des Bodens zu korrigieren.

Abb. 3: Blätter mit braunen Flecken können auf einen Kalziummangel hinweisen.

SCHÄDLINGE

erkennen & bekämpfen

Bei Schädlings- oder Krankheitsbefall ist es wichtig, die Pflanzen schnell zu behandeln, um Schäden in Grenzen zu halten. Kontrollieren Sie Ihre Cannabispflanzen regelmäßig auf Auffälligkeiten, z.B. Insekten oder Spinnen sowie deren Eier, Spinnweben, löchrige oder angefressene Blätter und Anzeichen von Schimmel. Wenn Sie eine Pflanze mit Schädlings- oder Schimmelbefall entdecken und Ihre restlichen Pflanzen noch unversehrt sind, isolieren Sie die befallene Pflanze direkt von den restlichen Pflanzen, um das Risiko einer Übertragung möglichst klein zu halten. Sie sollten außerdem befallene Pflanzenteile entfernen, entsorgen und mit einer passenden Behandlung der restlichen Pflanze beginnen.

SCHÄDLINGSBEFALL ERKENNEN & BEHANDELN

Vor allem im Outdoor-, aber auch im Indoor-Bereich können Cannabispflanzen von verschiedenen Schädlingen befallen werden. Im Indoor-Anbau kann es vor allem zu Trauermückenbefall kommen, denn deren Eier können sich in der Pflanzenerde verstecken. Auch Thripse können im Innenbereich eine Gefahr für Ihre Pflanzen darstellen. Beim Outdoor-Anbau sind die Pflanzen stärker den natürlichen Einflüssen und damit einhergehend noch mehr Schädlingen ausgesetzt. Hier steigt das Risiko eines Befalls mit Spinnenmilben, Blattläusen und Weißen Fliegen.

Um einen Schädlingsbefall frühzeitig zu erkennen ist es ratsam, Ihre Pflanzen mit Gelbtafeln auszustatten und diese regelmäßig zu kontrollieren. Diese sind vor allem hilfreich, um einen Trauermückenbefall rechtzeitig zu erkennen. Halten Sie außerdem bei der Kontrolle der Blätter Ausschau nach kleinen Löchern, die für Spinnmilbenfraß sprechen können (Abb. 1), braunen Flecken, die von Thripsen verursacht werden können (Abb. 2), oder dem staubigen weißen Überzug, der auf Weiße Fliegen schließen lässt (Abb. 3).

Abb. 1: Spinnmilben sind meistens nur mit der Lupe erkennbar.

Nützlinge: Die Schädlinge können mit dem Einsatz von natürlichen Fressfeinden einfach und effektiv bekämpft werden. Marienkäfer, Raubmilben und Schlupfwespen fressen Blattläuse, Thripse und Spinnmilben, ohne die Pflanze zu beschädigen. Nematoden werden über das Gießwasser zugeführt und fressen die Eier und Larven von Trauermücken, sodass diese nicht mehr das Wurzelwerk Ihrer Pflanzen zerstören können.

Organische Insektizide: Neemöl wird aus den Samen des indischen Neembaums gewonnen. Es kann sowohl in das Gießwasser gegeben als auch als Spray gegen Schädlinge eingesetzt werden und hilft bei der Bekämpfung von Blattläusen, Spinnmilben, Trauermücken und Weißen Fliegen. Eine Mischung aus Knoblauch, Chili, Seife und Wasser (im Mischverhältnis 1:1:1:5) kann ebenfalls als Spray gegen Blattläuse und Thripse verwendet werden. Im Outdoor-Bereich können Sie dem Pflanzensubstrat etwas Diatomeenerde oder Kieselgur, das aus den versteinerten Überresten von Kieselalgen besteht, beimischen. Die Diatomeenerde zerstört die äußere Schutzschicht von Schädlingen und kann effektiv gegen Ameisen, Käfer und Schnecken eingesetzt werden.

Chemische Insektizide: Synthetische Wirkstoffe wie Pyrethoide, Organophosphate, Neonicotinoide und Akarizide können zur Bekämpfung von Schädlingen eingesetzt werden. Dabei ist jedoch zu bedenken, dass diese nicht nur weniger umweltfreundlich sind, sondern auch Rückstände an den Pflanzen hinterlassen können, die Ihre Gesundheit beim Konsum der Blüten beeinträchtigen könnten.

Abb. 2: Thripse verursachen braune Flecken auf den Blättern.
Abb. 3: Weiße Fliegen erkennen Sie an einem staubigen, weißen Belag an der Blattunterseite.

SCHIMMEL & WURZELFÄULE

erkennen & behandeln

SCHIMMELPILZE

Cannabispflanzen können sowohl von Pilzerkrankungen als auch von Wurzelfäule betroffen sein. Durch zu hohe Luftfeuchtigkeit, keine ausreichende Luftzirkulation und zu viele Pflanzen auf zu engem Raum kann sich vor allem während der Blütephase Grauschimmel („bud rot") bilden, der vornehmlich die Cannabisblüten befällt. Je nach Stadium macht sich dieser durch einen grauen Schleier auf der Blüte oder einen netzartigen Befall (Abb. 1) erkenntlich. Auch Mehltau ist eine Pilzerkrankung, die Sie anhand eines weißen Belags auf Blättern und Blüten identifizieren können (Abb. 2).

Bei einem Befall mit Grauschimmel oder Mehltau sollten Sie die betroffenen Teile der Pflanzen großzügig entfernen und entsorgen, die Umgebung sowie Werkzeuge und Belüftung gründlich reinigen und desinfizieren und gegebenfalls Fungizide einsetzen. Stark befallene Pflanzen sollten komplett entsorgt werden. Konsumieren Sie auf keinen Fall Blüten mit Schimmelpilzbefall, da dieser schwere gesundheitliche Auswirkungen haben kann.

Fungizide werden zur Bekämpfung von Schimmelpilzen wie Grauschimmel und Mehltau eingesetzt. Sie enthalten Wirkstoffe, die das Wachstum von Pilzen hemmen und die Ausbreitung des Befalls stoppen. Sie können sowohl Natron als natürliches Fungizid verwenden oder aber auf chemische Fungizide zurückgreifen. Ebenso wie chemische Pestizide können chemische Fungizide umweltliche und gesundheitliche Auswirkungen haben.

Abb. 1: Grauer Schleier von fortgeschrittenem Grauschimmel.

Abb. 2: Weißer Belag, der auf Mehltau schließen lässt.
Abb. 3: Pflanze mit Wurzelfäule.

WURZELFÄULE

Neben den beiden gängigen Schimmelpilzerkrankungen können Ihre Cannabispflanzen außerdem von Wurzelfäule betroffen sein. Diese äußert sich durch Blätter mit braunen oder gelben Flecken und gekräuselten Spitzen (Abb. 3). Wurzelfäule entsteht durch undurchlässigen Boden und Überwässerung, wodurch die Wurzeln absterben und faulen. Die Wurzeln werden braun, schleimig, zerfallen schnell bei Berührung und geben einen unangenehmen Geruch ab.

Sie können die betroffenen Wurzeln mit einer Lösung aus Wasser und Wasserstoffperoxid (Mischverhältnis 5:1) behandeln und die Pflanze anschließend in frisches Substrat einpflanzen. Achten Sie bei dem neuen Substrat unbedingt auf ausreichende Drainage (siehe S. 20) und befolgen Sie die Bewässerungsregeln (siehe S. 27), um Ihre Pflanzen keiner erneuten Wurzelfäule auszusetzen.

ANBAU

PLAN

ÜBERSICHT

Cannabisanbau Schritt für Schritt

Der Anbauplan dient als grobe Richtlinie für Ihren eigenen Anbau. Er führt Sie durch die Wachstumsphasen Ihrer Pflanzen, sodass Sie zu jedem Zeitpunkt wissen, welche besonderen Schritte zu vollziehen sind, um Ihre Pflanzen zu unterstützen und eine reiche Ernte zu erhalten. Außerdem gibt er Aufschluss über die richtigen Zeitpunkte im Jahr, wenn Sie Ihre Pflanzen im Outdoor-Bereich oder ohne künstliche Beleuchtung anbauen möchten.

Cannabisanbau umfasst, von der ersten Keimung bis zur erfolgreichen Ernte, einen Zeitraum von durchschnittlich 20 Wochen (ca. 5 Monate) und ist damit nichts für Ungeduldige – der Aufwand lohnt sich jedoch!

Bitte beachten Sie, dass die Zeitangaben im Anbauplan auf einen Indoor-Anbau unter Idealbedingungen mit einer zügig wachsenden Sorte angepasst sind. Es ist durchaus möglich, dass Ihre Pflanzen einen etwas längeren Zeitraum von der Keimung bis zur Ernte benötigen.

WOCHE 1

Keimung & Aussaat

Temperatur: 20–25 °C	**Beleuchtung:** 18–24 Stunden/Tag (ab Keimung)
Luftfeuchtigkeit: 65–70 %	**Zeitpunkt:** Mitte April – Mitte Mai

Abb. 1: Gekeimte Samen mit erster Pfahlwurzel.

TAG 1–3: Erste Keimung

Der Anbau beginnt mit der Keimung der Samen. Die einfachste Art, die Samen zu keimen, ist, jeden Samen einzeln in einem Aussaattopf mit etwas Substrat etwa 1 cm tief einzupflanzen. Hierbei dauert es einige Tage um zu erkennen, ob Ihr Saatgut erfolgreich gekeimt ist. Wenn Sie genauer kontrollieren möchten, ob Ihre Cannabissamen erfolgreich keimen, können Sie sie zunächst für 24–48 Stunden in einem kleinen Glas mit destilliertem Wasser einweichen und vorkeimen. Kleine Risse in der Hülle oder sogar eine erste Pfahlwurzel bedeuten, dass Ihr Saatgut zu keimen beginnt (Abb. 1). Danach können Sie die die Samen zwischen zwei feuchten Papiertüchern (am besten Küchenrolle) in einem sauberen kleinen Plastikbeutel an einem warmen Ort aufbewahren, bis sie eine erste kurze Wurzel entwickelt haben, oder sie direkt in Substrat einpflanzen.

Abb. 2: Samen sollten in einzelnen Anzuchttöpfen eingepflanzt und mit Pflanzensteckern markiert werden.

TAG 4–7: Einpflanzen der Samen

Wenn Sie sich dafür entschieden haben, Ihre Samen in Wasser oder zwischen Papiertüchern vorzukeimen, sollten diese nun erkennbare, 1–2 cm lange Wurzeln entwickelt haben. Spätestens jetzt ist der Zeitpunkt gekommen, die gekeimten Samen in einen Anzuchttopf mit Pflanzsubstrat zu setzen. Die Wurzeln zeigen nach unten und die Samen sollten mit maximal 1 cm Substrat leicht bedeckt werden. Halten Sie die gekeimten Samen warm und feucht (aber nicht nass), um das erste Wachstum zu fördern. Wenn Sie Sich entschieden haben, die Samen direkt in Erde einzupflanzen, sollten Sie gegen Ende der ersten Woche langsam sehen können, ob Ihr Saatgut gekeimt ist. Beim Anbau verschiedener Sorten markieren Sie die einzelnen Anzuchttöpfe mit einem beschrifteten Pflanzenstecker (Abb. 2). So können Sie nachverfolgen, welche Sorte Ihnen am besten gefällt.

WOCHE 2–4

Anzucht & Beginnende Vegetationsphase

Temperatur:
20–28 °C tagsüber;
18–24 °C nachts

Luftfeuchtigkeit:
40–60 %

Beleuchtung:
18 Stunden/Tag

Zeitpunkt:
April –
Ende Mai

Abb. 1: Cannabissetzling, der bereit zum Umtopfen ist.

TAG 8–14: Pflanzen umtopfen

Sobald Ihre Pflanzen eine Höhe von 10–15 cm erreicht haben (Abb. 1), pflanzen Sie sie in einen größeren Topf (10–15 l Volumen) mit leichter, gut durchlässiger Erde. Gehen Sie behutsam mit den Wurzeln um, damit sie nicht beschädigt werden. Achten Sie auch hier darauf, unterschiedliche Sorten zu markieren. Platzieren Sie die Pflanzen unter einer angemessenen Beleuchtung, z.B. auf einem Fensterbrett mit sechs bis acht Stunden direkter Sonne pro Tag oder unter einer Pflanzlampe mit Zeitschaltuhr. Wenn Sie ein Anbauzelt besitzen, können Sie die Pflanzen darin unterbringen. Ihre Pflanzen gehen nun in das vegetative Wachstum über.

Abb. 2: Der Setzling beginnt, mehr Fingerblätter auszubilden.

TAG 15–21: Vegetatives Wachstum

Während dieser Woche sollten die Pflanzen kräftig wachsen. Geben Sie den Pflanzen regelmäßig Wasser, aber achten Sie darauf, dass der Boden nicht zu nass wird. Verwenden Sie bei Bedarf einen milden, hochwertigen Dünger mit einem ausgewogenen NPK-Verhältnis. Achten Sie auf eine gute Luftzirkulation durch regelmäßiges Lüften und Ventilatoren im Anbauzelt, um Ihre Pflanzen vor Schimmel und Krankheiten zu schützen. Die Pflanzen sollten regelmäßig unter Beachtung der Faustregeln auf S. 27 bewässert werden.

WOCHE 5–8

Vegetative Phase & Training

Temperatur:
20–28 °C tagsüber
18–24 °C nachts

Luftfeuchtigkeit:
40–60 %

Beleuchtung:
18 Stunden/Tag

Zeitpunkt:
Mitte Mai – Mitte Juni

Abb. 1: Jungpflanze, die bereit für Topping ist.

TAG 23–35: Fortgeschrittenes Wachstum

Die Pflanzen sollten weiterhin kräftig wachsen. Überprüfen Sie sie regelmäßig auf Anzeichen von Mangelerscheinungen wie gelbe Blätter oder verlangsamtes Wachstum und passen Sie die Bewässerung und Düngung entsprechend an. Sobald Ihre Pflanzen vier bis sechs Nodien (Blattpaare) entwickelt hat (Abb. 1), können Sie beginnen, sie zu „trainieren“, um das Wachstum zu kontrollieren und ihre Struktur für eine bessere Lichtdurchdringung anzupassen (siehe S. 28). Gerade die unteren Blätter und Blüten einer Cannabispflanze werden von verhältnismäßig wenig Licht erreicht, je mehr die Pflanze wächst. Pflanzentraining ermöglicht, das Blütenwachstum zu maximieren und bestmögliche Erträge zu ernten, ist aber nur optional.

Wenn Sie Sich entscheiden, Ihre Cannabispflanzen zu trainieren, dann ist es ratsam, in dieser Woche einen Beschnitt durchzuführen („Topping“) und/oder die Seitentriebe so zu binden, dass mehr Licht und Luft sie erreichen können („LST“).

Abb. 2: Scrogging-Gitter für das Pflanzentraining.

TAG 36–49: Weiteres Wachstum

Überwachen Sie weiterhin das Wachstum der Pflanzen und stellen Sie sicher, dass sie gesund und kräftig bleiben. Gerade im Anbauzelt oder Gewächshaus sollten Sie auf Luftfeuchtigkeit und Belüftung achten, um Schimmelbildung zu vermeiden. Wenn Sie Ihre Cannabispflanzen trainieren, können Sie in dieser Phase ein Scrogging-Netz einrichten (Abb. 2) und gegen Ende der Phase gemäß der Lollipop-Methode das untere Blattwerk entfernen.

WOCHE 9–12

Blütephase

Temperatur:
20–28 °C tagsüber
18–24 °C nachts

Luftfeuchtigkeit:
40–50 %

Beleuchtung:
12 Stunden/Tag

Zeitpunkt:
Ende Mai –
Ende Juni

Abb. 1: Cannabis in der Vorblüte.

TAG 50–63:
Einleitung der Blütephase

Wenn Sie sich nicht für eine Autoflowering-Sorte entschieden haben, dann ändern Sie bei künstlicher Beleuchtung im Indoor-Anbau jetzt den Lichtzyklus auf zwölf Stunden Licht und zwölf Stunden Dunkelheit, um die Blütephase einzuleiten. Stellen Sie sicher, dass die Pflanzen während der Dunkelperioden am besten vollständig abgedunkelt stehen, um eine ordnungsgemäße Blütenentwicklung zu gewährleisten. Mit einem Anbauzelt funktioniert dies am einfachsten, beim Indoor-Anbau ohne Zelt sollten die Pflanzen in einem abgedunkelten Raum stehen. Wann die Umstellung nötig ist, ist von der individuellen Sorte abhängig.

In der Blütephase brauchen Ihre Cannabispflanzen mehr Wasser – achten Sie auf eine gleichmäßige Versorgung unter Beachtung der Faustregeln (siehe S. 27). Wenn Sie in dieser Phase einen Dünger verwenden wollen oder müssen, dann sollten Sie darauf achten, dass dieser einen reduzierten Stickstoff- und einen höheren Phosphor- und Kaliumgehalt aufweist, um das Wachstum der Blütenstände zu fördern. Vermeiden Sie jedoch Pflanzenschäden durch Überdüngung.

Die Pflanzen entwickeln ihre Blütenstände sowohl an den Hauptspitzen als auch am Stamm entlang direkt an den Nodien, an denen die Blätter ansetzen (Abb. 1). Achten Sie darauf, ob sich weibliche Blüten, männliche Pollensäcke oder Zwitterblüten (siehe S. 9) ausbilden. Die Vorblüte können Sie gut mit einer Lupe erkennen. Männliche Pflanzen und Zwitter sollten Sie direkt aussortieren, damit die weiblichen Pflanzen ihre Energie auf die Ausbildung der Blütenstände konzentrieren, anstatt Samen zu produzieren.

TAG 64–77: Blütephase

Während der Blütephase sollten sich die Blüten weiterentwickeln, an Größe zunehmen und ihre Trichome ausbilden (Abb. 2). Halten Sie die Luftfeuchtigkeit niedrig und achten Sie darauf, dass die Pflanzen ausreichend belüftet sind. Achten Sie auf Veränderungen in den Blütenständen und kontrollieren Sie regelmäßig auf Anzeichen von Schädlingen und Schimmel, denn in dieser Phase sind die Pflanzen am anfälligsten. Am besten stützen Sie einzelne Zweige mit Stäben ab, denn die Blüten werden mit zunehmender Größe auch schwerer, sodass die Zweige unter dem Gewicht der Blüte brechen können.

Ein geeignetes Training in diesem Zeitraum ist Defoliation, also die Entfernung der größeren Blätter, sodass die Blüten mehr Licht erhalten und die Luft besser zirkulieren kann.

Abb. 2: In der Blütephase werden die Trichome ausgebildet.

WOCHE 13–14

Erntezeit

Temperatur: 20–28 °C tagsüber; 18–24 °C nachts	**Beleuchtung:** 12 Stunden/Tag
Luftfeuchtigkeit: 40–50 %	**Zeitpunkt:** Mitte Juli – Mitte August

Abb. 1: Erntereife Blüte mit gleichmäßig milchig-weißen Trichomen und orangenen Stigmen.

TAG 78–91: Erntezeit

Die Blüten sollten in dieser Phase vollständig ausreifen. Das bedeutet, sie haben eine tiefere, etwas dunklere Farbe angenommen und sind kompakt und fest. An den Trichomen können Sie den optimalen Erntezeitpunkt festmachen. Dazu überprüfen Sie die Trichome mit einer Lupe oder sogar unter dem Mikroskop. Sie sollten größtenteils milchig-weiß sein, mit einem kleinen Anteil bernsteinfarbener Trichome. Die Stigmen sollten beginnen, sich von Weiß nach Orange oder Braun zu verfärben (Abb. 1). Achten Sie außerdem auf den Duft der Blüten – ein starker, aromatischer Duft kann auf eine hohe Konzentration von Terpenen und die Reife der Blüte hinweisen. Wenn die Blüten reif sind, kann die Pflanze mit der präferierten Methode geerntet werden (siehe S. 30)

WOCHE 15–16

Trocknung

Temperatur:
18–24 °C

Luftfeuchtigkeit:
45–55 %

Beleuchtung:
keine

Abb. 2: Beschnitt der Blätter.

TAG 92–105:
Beschnitt & Trocknung

Wenn Sie die Pflanzen im Ganzen geerntet haben, trennen Sie nun die Äste vom Stamm ab. Danach befreien Sie die Äste von den Blättern (Abb. 2). Dafür benutzen Sie am besten eine kleine Schere, sodass Sie auch die kleinen Zuckerblätter entfernen können, ohne die Blüten zu beschädigen. Durch das Harz sind die Blüten sehr klebrig, tragen Sie also am besten Handschuhe beim Beschnitt. Die Zweige hängen Sie kopfüber in einem gut belüfteten, dunklen Raum auf. In der Regel brauchen die Blüten ein bis zwei Wochen Zeit, um zu trocknen. In dieser Zeit sollten Sie sie regemäßig auf Schimmelpilzbildung kontrollieren. Wenn die Blüten bei der Berührung etwas knistern und sich allgemein trockener anfühlen, sind sie bereit für die Fermentation.

WOCHE 17–20

Fermentation & Lagerung

Temperatur:
18–21 °C

Luftfeuchtigkeit:
55–56 %

Beleuchtung:
keine

Abb. 1: Einmachgläser mit Bügelverschluss und Gummidichtung eignen sich besonders gut zur Fermentation und Aufbewahrung.

TAG 106–120: Fermentation

Zur Fermentation lösen Sie die getrockneten Blüten von den Zweigen ab. Befüllen Sie saubere, luftdichte Gläser, z.B. Einmachgläser, zu etwa zwei Dritteln mit den Blüten. Sie sollten die Blüten unterschiedlicher Sorten in getrennten Gläsern aufbewahren und die Gläser entsprechend beschriften (Abb. 1). Die Gläser sollten vorher heiß abgespült und gut abgetrocknet werden, damit sich keine kleinen Verunreinigungen darin befinden, die Auswirkung auf Ihre Ernte haben könnten. Nun bewahren Sie die Gläser an einem lichtgeschützten Ort auf und öffnen sie jeden Tag für einige Minuten, um den Fermentationsprozess zu unterstützen. Kontrollieren Sie regelmäßig die Luftfeuchtigkeit innerhalb der Gläser mit dem Hygrometer. Die Fermentation dauert mindestens zwei Wochen, je nach Präferenz können Sie sie aber auch über einen längeren Zeitraum von bis zu sechs Monaten durchführen.

AB TAG 121–135: Lagerung

Die Blüten werden weiterhin in den gleichen Gläsern an einem kühlen, dunklen und trockenen Ort gelagert, aber nur noch geöffnet, wenn Sie Blüten zum Rauchen oder Verdampfen entnehmen möchten. Bei dieser Gelegenheit sollten Sie immer die allgemeine Qualität Ihrer Blüten anhand äußerer Merkmale und ihres Geruchs auf Veränderungen überprüfen (siehe S. 34).

REGISTER

Service-Hotline
Haben Sie Fragen oder gibt es ein Problem? Wir helfen Ihnen gern. Rufen Sie uns an oder schreiben Sie eine E-Mail:

Telefon: **0711 / 123 757 20***
*normale Telefongebühren

E-Mail: hilfe@frechverlag.de
Weitere Informationen zum Verlag und zu unserem gesamten Programm finden Sie unter:
www.topp-kreativ.de

Ihre DigiBib – für Korrekturen & Aktualisierungen

Uns ist im Druck ein Fehler unterlaufen? Das tut uns leid! Wenn wir schon davon wissen, finden Sie die korrekten Informationen in der Digitalen Bibliothek. Falls Sie hier nichts finden: Melden Sie sich gerne direkt bei uns. Vielen Dank!

www.topp-kreativ.de/digibib

Freischaltcode: 52050

ILLUSTRATIONEN: freepik

COVERGESTALTUNG: Sandra Meyer-Preinl unter Verwendung von Illustrationen von freepik

HERSTELLUNG: Carina Scheffel

LAYOUT UND SATZ: Ramona Gaar, Werbeagentur Rypka GmbH, www.rypka.at

DRUCK UND BINDUNG: DZS Grafik, Slowenien

1. Auflage 2025

der Penguin Random House Verlagsgruppe GmbH, München

produktsicherheit@frechverlag.de

ISBN 978-3-7358-5408-7 • Best.-Nr. 25408

MIX
Papier | Fördert gute Waldnutzung
FSC® C106600
FSC www.fsc.org

Penguin Random House Verlagsgruppe
FSC® N001967

FOTOS: Shutterstock: S. 2–3: Tsareva.pro (#1973386313); S. 9: Abb. 1 OMfotovideocontent (#2553784327), Abb. 2 2P Studio (#2039199149), Abb. 3 Holly Mazour (#1753262228), Abb. 4 Roxana Gonzalez (#1302480505); S. 10: Yu_Nus (#2400578261); S. 11: Abb. 2 GOR Photo (#1725381796), Abb. 3 Studio Nut (#2471876225), Abb. 4 noxphotos.com (#2021880074); S. 12: Kaiskynet Studio (#1392186296); S. 13: Oleksandrum (#1364355605); S. 14: snob (#2497602453); S. 15: Taras Valerievich (#2177394121); S. 16: Saatgut xpixel (#2441745589); S. 19: Tayler Derden (#1258151137); S. 21: Kitreel (#1325029502); S. 22: Stock_Koom (#2478943001); S. 24: Skyliz (#1915176325); S. 27: ThomsonD (#2115407855); S. 28: Abb. 1: Kyrylo Vasyliev (#1322751050), Abb. 2: ThomsonD (#2186214377), Abb. 3: viennetta (#2178285463); S. 29: Stefanetti Emmanuel (#2426400345); S. 31: Abb. 1: Tavarius (#2248785261), Abb. 2: mikeledray (#1320398819); S. 33 & 59: MR. Yanukit (#2291843829); S. 37: Cannabis_Pic (#2162474147); S. 38: The natures (#2160037077); S. 39: Abb. 2: The natures (#2168361811), Abb. 3: Cannabit dealer (#2198495775); S. 41: Abb. 1 nang nang (#2248296525), Abb. 2: Moha El-Jaw (#1865280421), Abb. 3: Barriography (#2003778626); S. 42: Pong Pong (#1489338755); S. 43: Abb. 2: OMfotovideocontent (#2237548815), Abb. 3: CaptureStock Studio (#2485336449); S. 47: Tinnakorn jorruang (#2185047979); S. 48: Bukhta Yurii (#1745800394); S. 49: Nuoriginal (#2457146863); S. 50: Skyliz (#1909378678); S. 51: AU USAnakul (#1816621991); S. 52: PIC Femke Ketelaar (#1788899726); S. 53: ThomsonD (#2115407954); S. 54: Rotem Toledano (#1407168194); S. 55: OMfotovideocontent (#1218071071); S. 56: MrSur (#2134912885); S. 57: meeboonstudio (#2304702927); S. 58: Roxana Gonzalez (#526723486) / Freepik: S. 16 (Erde); S. 17; S. 18